美丽观赏鱼
鉴赏与饲养

张春红 主编

U0388295

黑龙江科学技术出版社
HEILONGJIANG SCIENCE AND TECHNOLOGY PRESS

图书在版编目（CIP）数据

美丽观赏鱼鉴赏与饲养 / 张春红主编 . -- 哈尔滨：
黑龙江科学技术出版社，2018.7
ISBN 978-7-5388-9658-9

Ⅰ . ①美… Ⅱ . ①张… Ⅲ . ①观赏鱼类－鱼类养殖
Ⅳ . ① S965.8

中国版本图书馆 CIP 数据核字 (2018) 第 078236 号

美 丽 观 赏 鱼 鉴 赏 与 饲 养

MEILI GUANSHANGYU JIANSHANG YU SIYANG

作　　者	张春红	
项目总监	薛方闻	
责任编辑	回　博	
策　　划	深圳市金版文化发展股份有限公司	
封面设计	深圳市金版文化发展股份有限公司	
出　　版	黑龙江科学技术出版社	
	地址：哈尔滨市南岗区公安街 70-2 号　邮编：150007	
	电话：（0451）53642106　传真：（0451）53642143	
	网址：www.lkcbs.cn	
发　　行	全国新华书店	
印　　刷	深圳市雅佳图印刷有限公司	
开　　本	723 mm×1020 mm　1/16	
印　　张	11	
字　　数	170 千字	
版　　次	2018 年 7 月第 1 版	
印　　次	2018 年 7 月第 1 次印刷	
书　　号	ISBN 978-7-5388-9658-9	
定　　价	39.80 元	

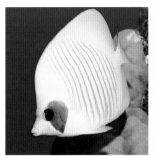

序

"人类是由鱼进化而来的。"（尼尔·舒宾《你是怎么来的》）但鱼和人在身体结构方面实在是差别太大，你很难想象这个神奇的变化过程。

形态可爱、五彩斑斓的观赏鱼在水中畅游、嬉食，悠然自得，如今观赏鱼被越来越多的人喜爱，成为人类的朋友。饲养观赏鱼不仅可以调节人的情绪，增加生活情趣，还可以陶冶情操。鱼虽被喻为"懒人宠物"，想养好却很不容易，是有很多学问的。为什么鱼儿不好养活？如何第一次养鱼就成功？怎么才能让鱼缸里的水保持清澈？什么鱼可以混养在一起？……

你想知道的答案都在这本书里。

这本书让你轻轻松松就能对观赏鱼有一个直观的认识、一个系统的了解。想成为观赏鱼养殖的专家吗？那么就来和鱼儿们一起享受水中的美好时光吧！

目录

观赏鱼是活的艺术品，也是人类可爱的宠物。养鱼可以美化生活、修身养性。但鱼儿生命比较脆弱，需要我们注入足够的爱心和耐心。

PART 01
观赏鱼的世界

PART 02
若要养鱼，
必先知鱼

PART 03

给鱼儿们
一个舒适的家

PART 04

科学喂养，
健康成长

PART 05
观赏鱼
该怎样管理

PART 06
常见
疾病及治疗

PART 07

观赏鱼的繁殖

PART 08

你还应该知道的那些事儿

PART 01

观赏鱼的世界

自然界中有这样一类鱼，它们凭借艳丽的色彩或奇特的外形虏获了千万人的喜爱，这一类鱼就是观赏鱼。不论是淡水鱼还是海水鱼，不管是来自温带还是热带，各种各样有颜值、有个性的鱼儿不断被人们搜寻并广泛饲养。

观赏鱼的种类

　　江海湖泊都是鱼类的居所，鱼类的数量惊人，种类也非常之多。人们通过多年的搜寻，目前已知的鱼类多达5万余种，其中具有观赏价值的鱼类就有两三千种，仅仅是生活中比较常见的也有500余种。

　　关于观赏鱼的分类，最实用和广为人们接受的方式是按其生长环境分类。观赏鱼按生长环境可以分为热带海水鱼、热带淡水鱼、冷水性海水鱼和冷水性淡水鱼这四大类。

热带海水鱼

    热带海水鱼的种类繁多，这些鱼儿主要来自热带海水里面的珊瑚礁及热带海洋或热带沿海地区。热带海水鱼养殖比较特殊，如果喜欢养殖此类鱼的话，就需要模拟一个热带环境。比较常见和受欢迎的品种有神仙鱼、虾虎鱼、浣熊蝴蝶鱼、隆头鱼等。

POINT　泳姿优美

神仙鱼

　　神仙鱼，头尖尖的、小小的，扁扁的菱形身体，背鳍和臀鳍大如三角帆，因此得名小鳍帆鱼。它也被称为燕鱼，这是因为，从侧面看，神仙鱼游动如同燕子翱翔。体态优雅、游姿优美、颜色美丽的神仙鱼有"热带鱼皇后"的美称，是任何一个养鱼爱好者都不愿意错过的品种哦。

　　神仙鱼原产地在南美洲，从秘鲁的乌卡亚利河开始，沿亚马孙河流域一直到巴西的亚马孙三角洲都有神仙鱼的分布。

　　红眼睛钻石神仙鱼是其中一种很漂亮的神仙鱼，它拥有标志性的鲜红色眼睛，银白色的鱼鳞。它之所以被称为钻石神仙鱼，是因为它的鳞片呈珠状，在光照下闪着银白色的钻石光芒，非常迷人。

　　另外白神仙、黑神仙、灰神仙、金丝墨燕儿、熊猫神仙，等等，也是大家比较常见的品种。神仙鱼是卵生鱼类，繁殖比较简单。经过多年的人工改良和杂交繁殖，神仙鱼有了更多的种类供人们选择。

● 饲养要点

　　神仙鱼对水质的要求不严，水温在24～28℃比较合适。神仙鱼的食性很好，鱼虫、水蚯蚓、黄粉虫、小活鱼、龟虫等都是它们非常喜爱的食物，饲料喂养也可，但需选择动物性饲料。神仙鱼不可与虎皮鱼、孔雀鱼等活泼调皮的鱼混养。

POINT 小巧玲珑
虾虎鱼

　　虾虎鱼是食肉类鱼，喜欢吃虾、蟹、小型鱼类、蛤类幼体，有的也吃底栖硅藻。野生虾虎鱼基本上生活在浅海环境里，主要是近岸潮间带、浅海区、珊瑚礁和海草牧场；也大量存在于河口栖息地，包括河流下游、红树林湿地和盐沼地，少数生活于激流中或穴居于泥洞中。已知的种类达到2100多种。常见的虾虎鱼有蓝条虾虎鱼、六点虾虎鱼、栉虎鱼、橙色虾虎鱼等。

　　虽然它们仅有几厘米长，看上去身材短小，却有着奇特的吸盘。吸盘由腹鳍愈合形成，该吸盘能让它们吸附于光滑的石头、玻璃上，使它们在急流中也能泰然自若。

● 饲养要点

　　饲养虾虎鱼时，首先要清楚购买的虾虎鱼是海水型还是淡水型。如果是滨海区的咸水鱼，饲养时，需要循序渐进地加入淡水，进行淡化。其次要保证水温不要过高，水体最好是可以流动的。虾虎鱼喜欢挖沙，所以缸内铺上细沙，种上可以躲藏的水草可以让它生活得更好。

　　食物方面，一般而言，虾虎鱼只吃活体的小鱼、小虾、蚯蚓等，没有活体食物时，冻干的小鱼虾也可以。

POINT 外形奇特
浣熊蝴蝶鱼

　　它有个非常好听的名字，叫作浣熊蝴蝶鱼，生活在东非到澳大利亚及夏威夷浅海区。其所有的鳍均为黄色带斜纹线，鳍上有清晰的刺，有些斜纹线从腹鳍处向上穿过鱼体；头部有黑色斑纹，眼睛斑纹前方有一细白线，而后方有较粗的斑线，使其外形看似浣熊的皮毛。成鱼眼状斑块消失，原来浅色的地方颜色变为深黄色。其他类似的品种还有泪珠蝴蝶鱼、夏威夷泪眼蝶鱼、黑鳍蝴蝶鱼、铜带蝴蝶鱼等。

隆头鱼

　　隆头鱼喜欢成群结队地在近岸岩石或珊瑚间嬉戏游玩，广泛分布在热带及温带海域。在水族馆常常会看到隆头鱼的身影，体长从6厘米到3米不等，体形多纤细，颚前突出的大犬齿可以磨碎贝类，还有性感的厚嘴唇、较大的鳞片。体色一般均甚鲜艳，雌、雄鱼体色不一样，到了繁殖季节差别就更明显了。

● 饲养要点

　　隆头鱼多为肉食性，以软体小动物为食，且消化道很短，喂食需要少量多次。它们还喜欢在沙中睡觉和避难，所以需要深厚的沙床。

热带淡水鱼

　　热带淡水鱼，是出生于热带淡水水域，或近热带与南北温带水域交界处的适宜观赏的鱼类，包括白云金丝鱼、龙鱼、七彩神仙鱼、花罗汉、孔雀鱼、鳉鱼、慈鲷、斗鱼、蓝星鱼等。

POINT 性情温和

白云金丝鱼

　　白云金丝鱼的吻端到尾柄有一条耀眼的金线，体形细小，长而侧扁，属于鲤科唐鱼属，分布于广东珠江三角洲地区，1988年被列为国家二级重点保护野生动物。因其曾在欧美市场引起轰动，而被外国人称为"唐鱼"。

● 饲养要点

　　白云金丝鱼因性情温和、活泼美丽、饲养容易而深受人们的喜爱。饲养时，弱酸性的水是最适合的，它的耐寒性也不错，5℃的环境都不成问题，接受的食物范围还很广，繁殖也很简单，很适合初学者饲养。

POINT 长寿的威武将军

龙鱼

龙鱼是典型的"长寿鱼"，一般寿命在30年左右，最长能存活40多年。而且龙鱼不会因为年老而"色衰"，在时间的打磨下，它的鳞片反而越放光彩。

龙鱼身体扁长，鳞片闪闪发光，下颌有须，形似我国神话中的龙，看上去神情严肃，似阅兵的将军，更显威风凛凛。它是骨舌鱼科古老的淡水鱼，著名的"鱼类活化石"，广泛分布在南美洲、大洋洲以及东南亚的热带和亚热带地区。

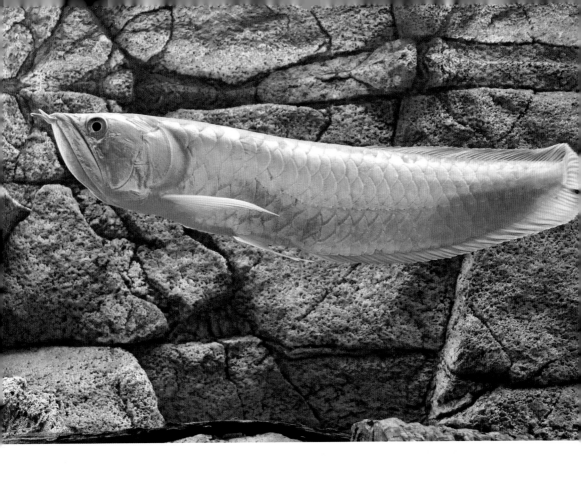

● 饲养要点

　　龙鱼的外表"傲娇"，性格也很强硬，有较强的领土意识和攻击性，以小鱼、小虾、青蛙、昆虫为食。龙鱼属于狭温性生物，也许是为了与身份相衬，龙鱼对环境的要求也很讲究，特别是繁殖期间，要使环境温度保持在27~28℃。

　　它的孵化方式比较特别，是雄鱼将卵含在口中孵化，也因此获得了"龙吐珠"的别名。

POINT 五彩斑斓的"热带鱼王"
七彩神仙鱼

七彩神仙鱼又被叫作"神仙鱼",体形近扁平圆形,长12～18厘米,尾柄非常短,背、臀鳍对称,长且呈飘带状。最明显的特征是,从鳃盖至尾柄,分布着8条等距的棕红色横条纹。

体色丰富多变,受光照影响,暗光下,体色深暗;光线良好,则色彩艳丽,条纹清晰。常见的神仙鱼颜色,以红色、棕色、蓝色为基调,点缀上各种花色的红七彩、棕七彩和蓝七彩。

● 饲养要点

    饲养七彩神仙鱼的原始种，需要用中性至弱酸性水，pH值在
6～7之间。而人工改良种对水质的要求就没那么严格，高硬度的弱
碱水也可适应。饲养时要保持水温为26~28℃。

POINT 光鲜华丽

蓝星鱼

　　蓝星鱼学名为丝鳍毛足鲈，原产中国的澜沧江云南段，老挝、泰国、柬埔寨和越南的湄公河流域。身长10～15厘米，椭圆形身材，侧扁，头中间长着大大的眼睛。它天生具有美丽的配色，主色调为蓝灰色，腹部为浅黄色，如果有微光照射，蓝星鱼会呈现为紫罗兰色，尤为美丽。

● 饲养要点

　　蓝星鱼性情温和，喜欢栖息于平缓的水中，对水温的要求较高，适宜温度为23～26℃。但它不挑食，不论是人工饲料、水蚯蚓、小鱼苗还是蟹子粒都喜欢吃。

冷水性海水鱼

　　冷水性海水鱼主要生活在有岩石躲避的近海岸地区，这种鱼往往会因为退潮而被困在近海岸。它们生长迅速，主要以小鱼、小虾为食物。一般来讲，冷水性海水鱼和热带海水鱼相比，色彩要柔和些，其本体色为棕色，常带有斑点。主要的种类有刺鱼、吸盘鱼等。

POINT 纤细窈窕
刺鱼

　　刺鱼来自北半球的温带区，有些只在淡水中生活，有些生活在海水中，还有一些在海水和淡水中都有分布。这个科的鱼一般体形细长窈窕，最大约长15厘米。它最突出的特征是在背部的鳍部前方有一行棘刺，除此之外，它的腹鳍上还各有一个锐棘，故称"刺鱼"。刺鱼全身无鳞，侧面有几个硬甲片，尾柄细又长，尾鳍为方形。

✂ 刺鱼筑巢

刺鱼是筑巢高手，刺鱼所建造的产卵巢是鱼类中最精致的。到了繁殖的季节，刺鱼的肾脏会分泌黏液，用这些黏液可将收集的植物黏合起来，做成一个团形的产卵巢。

✂ 刺鱼的繁衍

刺鱼的繁殖常在春季进行。这时，雄性刺鱼全身会变成红色。雄鱼会先一步从海洋中游到江河，并在溪流浅水区建造好产卵巢，然后诱骗或驱赶雌鱼进入并受精。雄鱼可以哄骗多条雌鱼进行产卵，直至巢中产满。

✂ 护幼的雄鱼

刺鱼具有护幼的天性，但与其他护幼的鱼不同，刺鱼的护幼任务是由雄鱼单独承担的。当产好卵后，雄鱼便会守卫产卵巢，给卵供氧。幼鱼出生后，会与"鱼爸爸"成群地游来游去，若有小鱼掉了队，"鱼爸爸"会把它含在口里，送回鱼群。若鱼卵或幼鱼受到侵害，雄鱼还会主动发起攻击，保护鱼宝宝。几周后，小刺鱼长大，便会离开"爸爸"。

杜父鱼

　　杜父鱼别名大头鱼，属鲉形目，杜父鱼科，主要分布在北半球的海水和淡水中。头大而扁，口很大，全身一般无鳞片。体形类似圆筒形，长可达60厘米，胸鳍大如扇，尾部侧扁形。

● 饲养要点

　　杜父鱼是肉食性鱼类，水生昆虫和小鱼是它的最爱。它喜欢清澈的水体，常趴在水底，不愿意活动，也不集群。因此水族箱要保持良好的水质，箱底可以铺上沙石。

吸盘鱼

吸盘鱼的第一个背鳍变态后形成吸盘状，故称"吸盘鱼"。

吸盘鱼的头尖又小，背鳍宽大，尾鳍呈浅叉形。整体为暗褐色，并布满黑色的斑点，成鱼体长可达25厘米。

✂ 免费的旅行家

吸盘鱼又名懒汉鱼，也有"最懒的海洋鱼类"和"免费旅行家"之称。这是因为，吸盘鱼常常利用吸盘，吸附在鲨鱼这样的大鱼身上和海船船底，让这些"大家伙"带着它去各大洋免费旅行。

● 饲养要点

　　吸盘鱼体格健壮，适应性强，养护简单，还能清理水族箱，是最好的"清道夫"。"清道夫"常常会吸附在水草上和水族箱的壁上，舔食青苔，清理箱壁。饲养时，宜采用弱酸性水质，保持水温在20℃以上。它非常合适与大型的热带鱼混养。

冷水性淡水鱼

　　冷水性淡水鱼的成员繁多，并且容易养殖，备受人们的欢迎。主要的品种有金鱼、锦鲤、日本泥鳅、三棘刺鱼、绿太阳鱼、鲫鱼、斑点太阳鱼、油白扬鱼，等等。

POINT 历史悠久的中国鱼
金鱼

金鱼应该是大家最熟悉的一类观赏鱼，金鱼与鲫鱼共用一个学名，故金鱼也有"金鲫鱼"之称。它们的关系密切，我们观赏用的金鱼就是由鲫鱼演化而来的。

金鱼起源于中国，广受人们的喜爱，被分为文种、草种、龙种、蛋种四大品系，是很有中国特色的观赏鱼。这种中国特色的观赏鱼，是世界观赏鱼史上最早的品种，已经陪伴了人们几个世纪的时间。

◁× 金鱼的颜色

　　金鱼的品种众多，身姿绮丽，形态优美，颜色也是不胜枚举。是什么让金鱼如此色彩绚丽呢？这是因为，金鱼的真皮层中有许多的色素细胞。黑色色素细胞、橙黄色色素细胞和淡蓝色反光组织，这三个基本颜色成分的组合和分布，造就了金鱼的美丽体色。

　　同时，金鱼的颜色也会随环境的变化而变化。一般而言，金鱼利用头部神经系统感应环境颜色，通过变换颜色以适应环境，有时候也会因受伤、缺氧、生病等原因导致颜色暗淡失去光泽。

● 饲养要点

金鱼是杂食性鱼类，食性很广，饲养时以营养丰富的动物性饵料为主。

金鱼饲养简单，对水质的要求不高，对水温的适应性也比较强，但水温剧变，则可能危害它们的生命。金鱼在20～28℃的水温下生长速度快，颜色鲜艳。

饲养金鱼时，要注意饲养的密度。金鱼适宜群养，但密度不宜过大，水鱼比为1000：1，鱼缸长与金鱼体长比为10：1时较为合适。

POINT 吉祥如意
锦鲤

　　锦鲤，被形象地比喻为"水中活宝石""会游泳的艺术品"，是我国传统的观赏性鲤鱼。饲养锦鲤最早可追溯到西晋时期，而在明代时观赏锦鲤就已经非常普遍了。

　　锦鲤整体呈纺锤形，体格健美，体型较大，体长可达100～150厘米，体重可达10千克以上。锦鲤的繁殖容易，寿命也非常长，可达六七十年。特别的是，锦鲤的口缘没有齿，而是长有发达的咽喉齿。

✂ 锦鲤的色彩

锦鲤最具观赏价值的地方在于它的绚丽色彩。由于含有红、黑、白、黄四种颜色的色素细胞，这些色素细胞在锦鲤的鳞片及下表皮组织之间收缩和扩散，使得每条锦鲤都拥有独特的色彩和花纹。

● 饲养要点

锦鲤为杂食性鱼类，对水质要求不严，并且对水温的适应性较强。可适应5~30℃的环境，而在21~27℃时，生长良好。锦鲤性情温和，易饲养，适宜群养。

POINT 金属光芒
太阳鱼

　　大多数太阳鱼拥有鲜艳的颜色，较为常见的太阳鱼品种有蓝鳃太阳鱼、绿太阳鱼等。它们体态丰腴，高高的背部显得头部很小，背部主要为淡淡的青灰色，其间有淡淡的灰黑色纵纹。腹部和胸部常常较为鲜艳，有橙红色、橙黄色等，还有一些太阳鱼全身都是金属蓝色，或者布满明亮的橘色斑点。

　　太阳鱼原产于北美洲，属于暖水性小体型鱼类，现在欧洲、亚洲、非洲和南美洲均有分布。太阳鱼一般在湖泊、植物茂密的海岸线和缓慢的河流中生活。

● 饲养要点

太阳鱼适应能力非常强，自然繁殖能力也很强，因此绿太阳鱼的侵入性极强，切勿随意放生。

它的食性很杂，可以在浑浊的水体中生活，也适宜在清澈的水中饲养。它在1~38℃的水温下都能适应生存，越冬时，即便在自然环境中，水温2℃的情况下也能安全度过。

鲫鱼

　　除了我们常见的金鱼，一些红鲫鱼、黑鲫鱼等也被人们作为观赏鱼饲养。鲫鱼体态丰腴，泳姿优美。除了观赏用途，也可食用，人们给鲫鱼起了很多名字，如鲫瓜子、月鲫仔、土鲫、细头、鲋鱼、寒鲋，等等。

● 饲养要点

　　鲫鱼对水质、水温的适应性都非常强，在碱性较强、盐度较大的水体中能生长繁殖，水温0～32℃也都可以生存。鲫鱼是杂食性淡水鱼，以植物为主要食物，喜欢群居。

观赏鱼的生理特征

鱼类是生活在水中的变温脊椎动物，体内只有一条循环线路，因此动脉血和静脉血混和。身体表面覆满鳞片，没有四肢，有尾。它们利用鳃呼吸，利用鳍游动，利用体外受精进行繁殖。

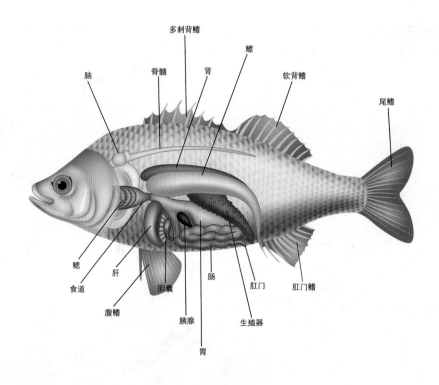

多刺背鳍

鳔

脑　脊髓　肾　　软背鳍

尾鳍

鳃
食道　肝
胆囊　肠　肛门　肛门鳍
腹鳍　胰腺　生殖器
胃

POINT　全面了解鱼的身体结构
观赏鱼的身体结构

　　观赏鱼外形形态各异，颜色鲜艳美丽，憨态可掬，对于饲养者来说了解它的身体构造同样也是有必要的。

　　鱼类的身体可以分为三个部分：头、躯干和尾。它们和人类一样有眼、耳、口、鼻。不同之处在于，鱼用鳃呼吸以适应水中的生活。

POINT 用鳃呼吸
鱼的呼吸

鱼类依靠头部两侧的"鳃"进行呼吸，鱼的鳃后是鱼最重要的部位，有鱼的心脏，鱼的心脏包括一个心室和一个心房。

POINT 鳍和鳔的重要作用
鱼的游动

鱼类在水中灵活自如，是游泳健将，它们的鳍是平衡身体、改变运动方向的好帮手；体内鳔的收放可以调节游行时的上浮和下沉；身体两侧的侧线则可以测定方位并感觉水流。

POINT 内耳也有灵敏听觉

鱼的听觉

鱼有耳朵吗？靠什么来感受声音呢？鱼类是有耳朵的，只是跟人类不大一样，确切地说，鱼只有内耳，深藏在头骨里面，表面无法看到。鱼类是靠内耳腔里的耳石来接收声波的，耳石对声音十分敏感。并且鱼类的听觉比视觉和嗅觉更灵敏。

POINT 惊人的嗅觉

鱼的嗅觉

鱼类的头部两侧一般各有两个孔，这是鱼的鼻，虽然它不像人类的鼻子那样可以用来呼吸，但是鼻孔内有嗅觉细胞，有感受气味的能力，水中浓度很低的物质也能被闻到。

POINT 鱼类的视野开阔

鱼的视觉

鱼类的眼睛长在头部两侧，使得鱼类的视野开阔，可以看到95°的范围，并且，通过光的反射和折射，水中的鱼类还能看到岸上的物体。

绝大多数鱼类没有眼睑和泪腺，它们的眼睛是不能闭合的，所以它们只能睁着眼睛睡觉。鱼类的视力虽然不好，却有很强的色彩辨别能力，对红、黄、白三色尤为敏感。

POINT 感受味道的奇妙方法

鱼的味觉

鱼的味觉细胞分布在鱼的舌、嘴和触须部位的表皮中，甚至有的鱼类的皮肤上都分布着味觉细胞。因此，不用吃到嘴里，只需要接触和靠近食物，它们就能感受到食物的味道。

观赏鱼
从哪里来

形态各异、颜色美丽的观赏鱼究竟从何而来呢？大体有两种途径：自然界和人工养殖。

POINT 驯养美丽的野生鱼
自然界

    万物所处的自然界是一个神奇又美丽的世界，自然界的完美性在于生物的多样性。自然界里存在着许许多多美丽的野生鱼，正是它们的美丽引起了人类的注目，各种各样美丽的鱼儿被人们不断捕捞，并作为一种富于观赏性的作品供人们欣赏。由此，野生鱼成为人类生活的一部分，成为人们生活中的朋友。

POINT　人工繁殖让品种更丰富
人工养殖

　　人们模拟观赏鱼原产地的环境，大量繁殖和饲养观赏鱼，使观赏鱼走进千家万户成为可能；并结合高科技调节控制温度、湿度、水质等条件，提供人工养殖观赏鱼所需要的生长条件。基因工程和遗传学的飞速进步，也为观赏鱼的进化升级提供了契机。现在，人工培育和养殖的观赏鱼越来越被广大观赏鱼爱好者所接受。

PART 02

若要养鱼，
必先知鱼

作为养鱼新手，如何才能养好观赏鱼？鱼儿不会说话，要想养好鱼，首先要好好认识你的鱼，知道它适宜怎样的水温、喜欢怎样的水质，了解它的性情、喜好和行为。观赏鱼初次饲养者，从这里开始了解你的鱼。

了解鱼的需求，
理解鱼的行为

观赏鱼的生物特征及生活习性与其分类归属、自然分布区域、原始野生生活水域环境、人工驯养方法等有密切关系。

鱼类生存的水环境

　　鱼一生都在水中度过，水是鱼的生命之源，鱼儿离开了水将无法生存。水的温度、酸碱、硬度、清洁度、溶氧量以及水中微生物和植物的种类、数量等共同构成了鱼类生存的水环境。不同的鱼，在饲养时需要的水质、水温等也不尽相同。为了照顾好观赏鱼，了解鱼类的各项需求就显得格外重要了。

　　其中，水温是鱼类最敏感的环境因素。鱼类是冷血变温动物，它们生存在水中，体温会因水温的变化而升降，因此水温对鱼类的生存有着重要的影响。

POINT 养鱼要模拟自然环境

观赏鱼的主要需求

● 温度很重要

　　首先是温度，前面说到不同的鱼需要的水温不同，一定要根据鱼类的需求控制水的冷暖。一般而言，25～30℃是多数鱼类的适宜水温，而 20～35℃是大多数鱼类的耐受水温。鱼类不像我们人类，生活得自由自在，可以随外部环境变化而自由调换空间。鱼儿被限制在狭小空间，它们对各类外部因素的影响都是无能为力的。当水温过低时，它们会减少活动，当水温过高时，它们就会窒息而亡。

根据鱼类生长的水域不同，鱼类被分为温水性、冷水性和热带鱼。

热带鱼类：水温宜保持在25～35℃之间，若水温低于18℃，鱼儿便会停止觅食，水温不可低于10℃。

温水性鱼类：水温宜保持在15～35℃之间，水温太低或太高都会影响温水性鱼类进食，且大多数会停止进食。

冷水性鱼类：水温宜保持在7～20℃之间，若水温在30℃以上，则会危及生命。

PS. 切不可长时间使水温高于或低于适宜的范围，不然观赏鱼会生长缓慢、食欲不振、患病、死亡。此外，水温保持稳定较利于鱼类的生存，水的昼夜温差不宜大于4℃。

● 水质要区别

　　水有酸碱之分、软硬之别，不同品种的观赏鱼对水质的要求往往不同。大多数的热带鱼适宜pH值为6~7；三湖慈鲷鱼、孔雀鱼、玛丽鱼等则适宜在碱性水中饲养。一般而言，可以根据鱼类的原产地区分，来自非洲的观赏鱼比较适宜碱性水，东南亚地区的热带鱼一般用中性水饲养，而原产南美洲的鱼最好用酸性水。

　　观赏鱼对水的硬度要求也较高，有的要求硬水，有的要求超软水。一旦水质不适合鱼儿的生长，鱼儿会表现出非自然行为。

● 食物有偏好

　　再者就是食物。鱼儿都是很懂事的小萌宠，一般不挑食。它们的食物不很广，多数是动物食性，喜食鱼虾或昆虫，少数为杂食性，个别摄食青苔、附生藻类。鱼儿饥饿时，游速减缓，看到主人时会立刻游过去。

● 氧气不可少

　　鱼儿的运动能力通常较强，溶氧要求较高。观赏鱼反应比较快，当面临外界危险时，能够迅速躲藏到安全的地方。鱼儿由于行动迅速，行动中所需氧气量也就相应地增加，所以氧气的提供是养鱼的重中之重，记得一定要给鱼儿充足的氧气！

用心观察，细心呵护

　　在饲养观赏鱼的时候要仔细观察，关注鱼儿细小的行为，因为任何一个反应都可能是因为鱼儿对环境的不适应，在向你示意呢！鱼儿渴望你们能像对待亲人一样对待它们，充满爱地呵护它们，这样它们才会更健康漂亮。

　　PS. 不同的鱼儿，观赏方法也各有不同。多数的观赏鱼拥有美丽的侧面，如神仙鱼、斗鱼、蝴蝶鱼、花罗汉，等等，如果像看锦鲤那样俯瞰恐怕会令人失望。而且它们被限制在水族箱中，所以要完全欣赏到它们的最美姿态，一定要从侧面观赏。

观赏鱼的品种搭配法则

对鱼儿进行品种搭配时，要了解品种间食性与习性的差异，将那些可以和谐相处的观赏鱼放一起做朋友。

POINT 基本要求

生活环境要求一致

来自不同水域的鱼对水质的要求也各不相同。混养不一定利于鱼儿的生长。热带鱼不能与冷水性鱼混养是基本常识，酸碱度不同海域的鱼也不能共处一室。

POINT 避免大鱼吃小鱼

鱼型大小适宜

要注意鱼型的选择，千万不要将大型鱼和小型鱼一起养。俗话说"大鱼吃小鱼"，为了每条小鱼的生命安全，一定要选体型相差不大的观赏鱼。

食性搭配合理

肉食性鱼和草食性鱼混养，你会发现你的鱼儿会越来越少，草食性小鱼会被肉食性鱼一条条吃掉，最后全部消失。

性格要相配

鱼的种类繁多，不同科属的鱼儿性格各异，同科的也不尽相同。若尝试混养，在混养初期要密切关注鱼的状态，一旦出现打斗和受伤的情况，应立马隔离，防止死伤。

这样去买鱼！

新手该如何挑选观赏鱼？若有幸能与养鱼大师同行，就可高枕无忧。若无大师指导，那就让自己成为大师吧。

新手买鱼的建议

买鱼的基本技能是细心观察。第一次在水族专卖店购买观赏鱼时，需要对小鱼进行仔细的观察。要选择状态良好、悠然自得的鱼，不要买刚刚运达的鱼，一般鱼儿刚刚到一个新环境体质都比较差，容易感染疾病。

如果到一家可靠且值得信赖的水族专卖店买鱼，就可以省掉不少力气，因为这种店往往不会急于出售新到的观赏鱼，而是把鱼儿养一段时间再出手，这样鱼儿不仅存活率高而且疾病较少。

一条好鱼的衡量标准

✄ 泳姿自在

首先选择鱼群中那些健康的鱼，它们游动起来轻松平衡，鱼鳍舒展自然。若看到有的小鱼沉缸底表现出病恹恹的样子，或有浮头感觉呼吸困难的现象，就证明它们生病了。

✄ 体表完好

要选择背部有光泽的鱼。鱼儿的背部和腹部消瘦，腹部异常肿胀，呼吸急促，那么它们已经非常不健康了，通常买到家中不出多久就会死亡。体表有伤口、鳞片脱落、鱼鳍破损、皮肤充血、有异常白点的鱼也属于高危鱼群，不能选购。

体型适中

不要买体型太大或太小的鱼。体型过大的鱼，往往不容易适应新环境的变化，常常不肯进食，如诱饵不成功，会导致死亡。体型太小的鱼，体质较弱，容易染病死亡。

未染病

如果鱼缸中有死鱼、病鱼，为了避免染病，尽量不要选择与其同缸的鱼。也可以通过喂食来判断鱼儿是否健康，若一喂食就立即冲上来，其健康状况一定是非常好的。

这样初次饲养！

第一次养鱼，成功的关键在于正确地选择鱼。大家不妨先从易饲养的观赏鱼入手，比如斑马鱼、孔雀鱼、虎皮鱼等。

饲养的基本方法

鱼儿买到家后，宜将装鱼的袋子和鱼一起放入隔离观察容器中，打开袋子让袋中的水和容器中的水融合，等水温稳定后，再让鱼游出袋子，并拿出袋子。若买来多条鱼，首先要将鱼分别隔离，观察一两个星期。

鱼儿刚买到家时要先停食三天，然后每天定时定量喂食，定期换水。注意，鱼隔离观察、入缸和换水时要注意先调和新水和旧水的质量和温度。避免水温和水质急剧变化。

PS. 对于新手，金丝鱼、斗鱼、三湖慈鲷、红闪电、草莓鱼、黑白关刀鱼、电光美人、网蝶、红绿灯等都是不错的选择。

PART 03

给鱼儿们
一个舒适的家

　　观赏鱼往往喜欢生活在干净、温度舒适、水质适宜的环境中，喜欢明亮，但不适宜强光刺激，喜欢开阔的空间，还喜欢在水草中藏身、嬉戏。因此，水族箱的放置要满足恰当的温度、良好的水质、充足的阳光以及足够的溶解氧等基本条件。

选择满意的水族箱

选择水族箱，首先要考虑摆放位置、空间和鱼缸的大小，然后还要注重鱼缸的类型、档次、整体效果和实用性。

随着制作工艺的不断进步，水族箱的形状多变，选择款式多样，现将几款美观实用型水簇箱具体介绍如下：

POINT 简洁大方

长方形水族箱

对于刚开始养鱼的人来说，选择什么样的水族箱非常重要。为了便于观赏，水族箱或者普通的鱼缸一般采用玻璃或者塑料这样的透明材料制成，有些还会辅以其他材料。长方形的水族箱比较常见，在市场上可以轻松买到。它的结构也简单，自己制作起来也不难，根据自己的规划定好尺寸，在材料店切割好，回家安装黏合即可。长方形水族箱简洁大方，造景时操作也方便，还非常利于观赏水中的鱼儿。

扁圆形水族箱

这种类型的水族箱的尺寸一般较小，是饲养少量小型观赏鱼的首选，是人们使用非常普遍的一种玻璃缸。它取材容易，价格便宜，而且重量轻、整体透明，不管是摆放在书桌、茶几还是博古架上都是非常灵动美观的。

壁橱式水族箱

壁橱式的水族箱是镶嵌在墙壁或书橱里的鱼缸。它的装饰性很强，犹如一幅立体的活壁画，不仅能装饰美化环境，还很节约空间。

悬吊式水族箱

　　这种水族箱和壁橱式的水族箱有异曲同工之妙，既节约空间又美观。悬吊式水族箱主要是利用垂直空间，观赏面更多，即可以平视，又可仰视，体积通常较小，形状往往是圆形或扁圆形。

壁挂式水族箱

　　这种水族箱是具有很高技术含量的创意新品。它就像家里的壁挂式空调一样，可以很方便地挂在墙上，新颖别致，给人无限遐想。

按需配备过滤器、氧气泵等配件

选择不同鱼缸，配备设施也不尽相同。但无论选择什么样的鱼缸都离不开过滤器、氧气泵、底沙等设施。

多种多样的过滤器

过滤器的作用通常是用水泵把水抽到过滤器里，尽量延长过滤时间，将水充分过滤，然后再把水返回水族箱里。在安装过滤器时，要尽量把出水口和入水口分别装在缸的两头，使过滤后的水从出水口出来后，能将污物冲到入水口那一头，形成一个好的循环。

通常采用的过滤方式有生物过滤、多层滴流式过滤、过滤棉式过滤、滴滚式过滤等。

● **生物过滤**

生物过滤是利用硝化细菌的多重生化过程，对有害物质产生反应，将其净化为无害物质的过程。可以使用陶瓷环、生化球、珊瑚砂、塑料、生化棉等主要材料来培养硝化细菌，给硝化细菌创造适宜的生长环境，促进它的繁殖和生长。然而需要注意的是，生物过滤需要大量的氧气，而且必须和物理过滤同时使用才能达到最好的效果。

● **多层滴流式过滤**

　　家用过滤的主要方式。最好的过滤箱设置方式是采用外置过滤桶，这样既不占地方，又能起到良好的过滤效果。

● **过滤棉式过滤**

　　过滤棉式过滤是指利用纤维制品过滤掉颗粒较大的杂质。使用时，一定要将过滤器的入口尽量放在缸底附近，这样缸底的污物易于进入过滤器中，净化后的水再通过出水口出来，把缸内的杂质冲到入口端，这样就形成了循环对流，可以达到很好的过滤效果。但要注意过滤棉的日常清洗工作。

● **滴滚式过滤**

　　生物过滤、化学过滤和物理过滤各有优缺点，一个成功的有效过滤系统应包括这三种过滤方式，相互配合、互补，缺一不可。而滴滚式过滤器很好地结合了这三种过滤方式，发挥了它们的各项优点，并且解决了水中养分流失的缺点。滴滚式过滤器操作、维护都十分便捷，而且适宜任何水族生物生长。虽然这种过滤方法的原理非常的简单、原始，却也非常的科学、实用，至今仍然是最有效的过滤方式。

不可缺少的氧气泵

　　氧气泵是给水体增加溶氧量的设备，它的工作原理非常
简单，就是将空气中的氧气压入水中，与水充分接触从而融
入水中，提高水中的氧气含量。使用起来也是方便又高效，
价格也便宜。氧气泵根据人们的不同需求也有不同的规格，
大型气泵和空气压缩机可以满足许多鱼缸的供氧需求，适用
于一般水族箱的是单头气泵或双头气泵。

● 氧气泵的作用

　　水族箱的空间有限，水中的氧气会慢慢被鱼儿们消耗掉，长时间不换水不利于鱼的生存，所以配备一个氧气泵是非常有意义的。那么氧气泵是怎么让观赏鱼拥有一个舒适、安全的生活环境的呢？

　　a.水体中的氧气含量过低会直接威胁鱼类的生命，氧气泵可以把氧气输送到水族箱的各个角落，让观赏鱼能够自由呼吸。

　　b.氧气泵在充气过程中，水体会产生气泡，水中的气压会增加，使水体产生波动。水体波动的时候，水中的有害气体会挥发，能够使水质更安全。

c.水体的流动，还促进了水族箱内水温的均衡，特别是使用温度调节器时，水的波动能促使冷暖水流融合。

d.水中的好氧细菌能够分解水中的有害物质，氧气泵增加了水中的氧气后，好氧细菌加速分解有害物质，使水质进一步改善。

e.氧气泵向水中压入空气时，多余的空气会形成一串水泡排出，给水族箱增加动感、生机和美感。

PS. 小鱼缸如果用功率过大的充气设备，冬天时，会使缸内水的温度过低，而大型水族箱若用小功率的氧气泵，则供氧效用不好。所以，要充分考虑水族箱的大小、鱼的数量和需氧量来选择氧气泵，还要根据具体情况调节充气量，给鱼儿们营造舒适的环境。

水温安全的保障

保持恒温的加热棒

恒温加热棒，是给水族箱内水体增温的设备，当水温达到设置温度时便会停止加热，以保持水体恒温。饲养热带鱼时一般都需要配备加热棒，在气温低的时候用来加温，昼夜温差大时也能恒定温度，给鱼儿提供安全的生存环境。

PS. 为了避免加热棒控温不准确或发生故障，水族箱内最好再配一个温度计，实时监测水族箱内的水温，进一步保证鱼儿们的安全。

什么样的养鱼密度最合适

养鱼密度是主人们必须考虑的一个问题，有人认为密集饲养看起来更多彩、美观，殊不知这样充满了危险。

密度计算方法

　　下面介绍一个比较科学的方法，按水族箱中水的容积来确定鱼的密度。以中小型观赏鱼为例，平均1升水中能饲养总长度1厘米长的鱼；10升的水中能饲养总长度10厘米的鱼；100升水中饲养观赏鱼的总长度不宜超过100厘米。那么如何能知道水的容积呢？不论水族箱是什么形状和大小多少，只要用容积确定的容器给水族箱加水，就可以测量出加入的总水量。

　　而对于横截面积较大的中大型观赏鱼，就要适当地调整这个计算方法，将一条鱼视为多条鱼来计算。

如何调配鱼喜欢的水

与其说鱼儿的家是水族箱，不如说是水环境。它们并不在乎水族箱的外观是否高档美观，只在乎自己周围的水是不是可以让它安心畅游。

水的酸碱调配

　　水的酸碱性用pH值表示，中性水的pH值为7，7以上为碱性，低于7则为酸性。养鱼时，测量酸碱度最简便的方法是pH试纸法，只需取水族箱中的水，滴一滴在试纸上，待颜色稳定后与标准比色卡对比就知道水的pH值了。

　　水的酸碱性一般可利用小苏打、磷酸二氢钠等来调节，想要增加酸性，可加入适量的磷酸二氢钠，若是需要增加碱性，则用小苏打调节。

水的硬度调节

　　水的软硬是根据水中钙、镁化合物的含量高低来区分的。鱼类大多喜欢软水，而很多地区的水质偏硬，用硬水养鱼时，一般通过兑入软水来中和硬度。我们生活中哪些水是硬水，哪些是软水呢？自来水中钙、镁化合物含量较高，属于硬水，而蒸馏水、雨水、凉白开中不含钙、镁化合物或含量少，属于软水。

　　PS.饲养观赏鱼建议不要用自来水，因为自来水中含有大量的氯，如果氯的含量超标的话会对鱼儿的生命产生威胁。如果一定要用自来水的话，可通过晒水除去其中的氯。

换水也有学问

养鱼先养水，只要养好了水，养鱼就会变得无比简单。科学合理的换水、补水方法是养好鱼的必备技能。

POINT 看天气换水、补水

换水的时间和水量

　　每次换水一般只换1/3~2/3，新水要先消毒、除氯，还要根据不同的鱼类适当补充盐分等。提前关注天气，选择在晴天，太阳刚出来或者太阳刚落山时换水最佳，切记不要在阴天或者烈日当头的中午换水，这样很容易引发鱼类疾病，诱发一些不稳定的危险因素。

　　鱼缸中水量的多少是根据四季气候的变化来确定的，不同季节往鱼缸中补给的水量是不同的。春季、深秋、初夏时水量不宜过多，盛夏时节气温比较高，应该注意补充水量，这样可以降低鱼缸中水的温度，从而保证鱼类能够健康地呼吸。另外，在冬季，气温降低，水中温度亦下降，这时需要加大水量，防止因水量少而使鱼窒息。

加水的方法

　　在对鱼缸进行加水时，应沿着鱼缸壁缓慢地往里面注水，避免提起一桶水直接往鱼缸中倾倒。在倒水时应尽量避免浇到鱼，以免对鱼造成伤害，从而引发疾病。在换水时，如果需要打捞鱼缸中的观赏鱼，则尽量不要用手，可以用柔性比较好的小渔网进行捕捞，这样可以有效地保护它们免受伤害。

水草、石头
来装饰新家

水草、石头主要是用于造景。鱼缸中放置水草可以使鱼缸看起来更有生机，同时也能改善鱼缸整体环境。

POINT 给鱼缸一抹自然气息

鲜活的水草

种植水草可以模拟一个自然的环境，为观赏鱼提供一个可嬉戏、躲避的地方，并且可以释放氧气，吸收水中的有害物；除此之外，还能够让养鱼的人施展植物配置的才华，美化水族箱，增加养鱼的乐趣。

PS. 常见水草：莫丝、绿菊花草、红椒草、金鱼藻、皇冠草、大水榕、小水榕、绿羽毛草、牛毛毡、小水芹、罗贝力草、大龙鞭、矮珍珠等。

POINT 安全的庇护场所

大大小小的石头

在鱼缸中布置珊瑚石不仅美观，可净化水质，还能为鱼儿提供一个安全的庇护场所。在鱼缸下面铺设底沙会让鱼儿产生幻觉，让它们感觉自己仿佛生长在海里，可以无拘无束、自由自在。这既能够很好地起到虚拟场景的作用，还有一定的美化作用。

光线很重要，光线要适宜

鱼离不开光，光照影响着鱼类的生长和发育。如果没有光照，鱼的生长速度会变慢，免疫力会下降，病菌也更易繁殖，使鱼类更易患病。

POINT 正常生长的要素
良好的光线

　　光对观赏鱼来说是非常重要的，不仅与它们的生长发育息息相关，还影响着它们身体颜色的深浅。如果在光线不佳的室内饲养，鱼的体色会暗淡，这时要为它们选择合适的灯光，以帮助它们适应室内的环境，这有助于显色。目前市场上常见的灯具有荧光灯、水银灯、卤素灯等。

　　我们也可以根据自己的养殖条件选择类型合适的灯光。同时，要注意合理地控制灯光，以免扰乱观赏鱼的正常生理功能。

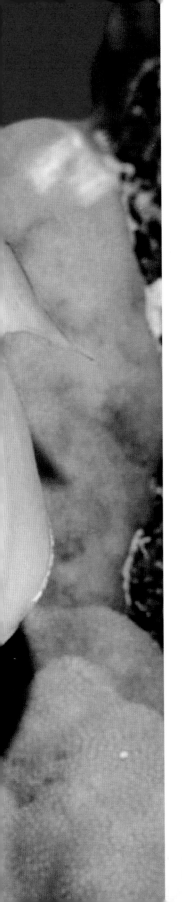

PART　04

科学喂养，
健康成长

　　观赏鱼要维持正常的生命活动和生理机能，就要通过不断地进食来保证身体机能的平衡。所以在饲养鱼时要兼顾蛋白质、脂肪、矿物质、碳水化合物和维生素的均衡补充，这样观赏鱼才可以健康地成长。

观赏鱼
需要的营养

摄取适量的营养可以维持机体的运转，保持健康。如果缺少其中的一种营养素，鱼儿就有可能引发营养不良，从而诱发严重疾病。

POINT 身体结构组成
蛋白质

　　鱼类身体器官的构成离不开蛋白质，缺乏蛋白质时，免疫力会变差，生长速度会减缓。鱼粮中一定要含有足够的蛋白质。要注意的是，蛋白质摄取过量也不利于鱼类的生长。

POINT 能量来源
脂肪

　　脂肪不仅能为鱼类提供日常活动中的主要能量，还具有保持鱼身体表面光泽良好和肉质细腻的重要作用。因此，喂养观赏鱼时，要注意脂肪的摄入，选用富含不饱和脂肪酸的鱼粮为佳。

POINT　调节细胞活动

碳水化合物

　　碳水化合物也是构成机体的重要物质和能量来源。对大多数观赏鱼来说，碳水化合物利用率较低，其中纤维素就很不容易消化。虽说如此，它却是鱼类不可缺少的营养素，特别是对素食性的观赏鱼来说，纤维素显得尤为重要。

POINT　骨骼和血液的重要构成元素

矿物质

　　矿物质是骨骼和血液的重要构成元素。提高观赏鱼饲料中的矿物质比例，不仅可以加速观赏鱼对碳水化合物的吸收，对鱼类骨骼等的生长也有很重要的意义。同时矿物质还可以加速观赏鱼对食物的消化，改善观赏鱼饮食结构，加快进食，有利于促进鱼类的健康成长。

POINT　生长代谢必要元素

维生素

　　维生素是保证鱼体健康成长并维持机体新陈代谢和其他生理功能的重要营养元素。维生素对观赏鱼有着其他营养元素所替代不了的功能。

鱼粮的营养搭配

鱼儿可是水里有名的"吃货"。对"小萌宠"的养殖要比食用鱼的养殖复杂得多，因此营养元素的合理搭配对观赏鱼显得至关重要。

营养元素搭配方法

　　有些观赏鱼是肉食性，有些是杂食性、偏素食性，不同食性的鱼需要的营养物质也不完全相同。一般肉食性的鱼需要的蛋白质较多，且偏好动物性蛋白质，饲养时，要保证摄取的营养中蛋白质的含量接近一半。杂食性的观赏鱼对蛋白质的需求次之，且对动物性蛋白质和植物性蛋白质没有明显的偏好。而偏素食性的鱼儿们有较长的肠道，食物可以在肠道中储藏更久，它们对蛋白质的需求更低，30％左右即可。

　　维生素有利于增加观赏鱼的体色，如果希望自己的观赏鱼健康又漂亮，那可以适当地补充这些营养。

鱼粮的种类

观赏鱼需要的养分存在差异，为了使营养均衡，根据鱼的种类喂食营养成分适宜的饵料是很重要的。鱼类的饵料可分为人工合成鱼粮和天然性鱼粮。

人工合成鱼粮

人工合成的鱼粮是将观赏鱼需要的各类营养按一定的比例混合制成的，具有重量轻、好保存、营养均衡的优点。人工合成鱼粮有颗粒状、薄片状等，根据鱼型大小，鱼粮也有不同的尺寸，让观赏鱼吞食起来更轻松。

PS. 小型鱼用薄片鱼粮喂食很方便，但是容易残余且不易清理，容易造成水体污染。故中、大型鱼可以优先选择膨化鱼粮，这种鱼粮是对水体污染最小的一种，可以在水中三小时不松散。

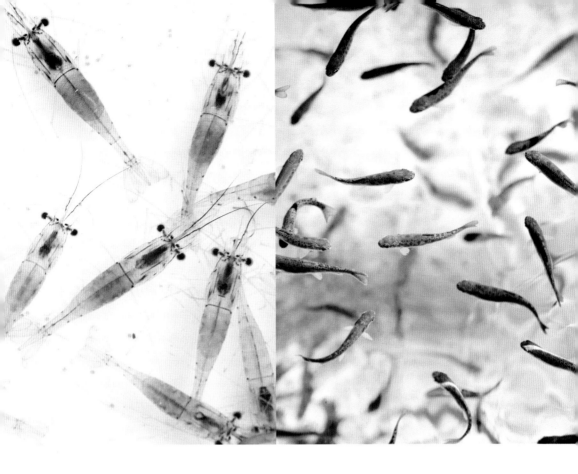

动物性鱼粮

　　动物性鱼粮是各类观赏鱼可食用的天然动物性饲料，包括活体鱼粮和冰冻型鱼粮。活体鱼粮主要有水蚤、血虫、丰年虾、丝蚯蚓、小河虾、面包虫、蚕蛹等。这种活体的鱼粮是观赏鱼最天然的营养来源，食用这种饲料有益于观赏鱼摄取丰富、全面的营养，利于身体各个组织健康发育，还很好消化。

活饵可以满足食肉性观赏鱼对动物性蛋白质的需求，喂养活饵时，要根据观赏鱼的体积来选择。正所谓大鱼吃小鱼，小型的观赏鱼适合喂养小鱼苗、水蚯蚓等；大、中型的观赏鱼就可以选择较大体型的活体鱼粮，比如小鱼、小虾、蚯蚓等。

除此之外，也可以选择冰冻型鱼粮，比如红虫。平时可以把它放在冰箱里冰冻，等到喂食的时候再拿出来。这种鱼粮比较方便，也容易喂食。也可以把猪肝、牛肝、鱼虾肉等剁碎之后喂食。

活饵虽然营养均衡，是鱼儿们最天然的食物，却也有不少缺点。首先，活饵往往带有大量的细菌、寄生虫等，投食到鱼缸就会带入这些有害的生物，威胁鱼类的健康。其次，活饵不好保存，来源也不稳定，作为日常鱼粮使用的难度较大。

PS. 用这些鱼粮喂食，容易污染水源，因此不能作为主要饲料喂养，只能作为辅助性鱼粮。另外，在选择小鱼小虾的时候要注意把消毒工作做好，避免因鱼粮带来传染病。

植物性鱼粮

　　植物性鱼粮主要用于喂养偏素食性观赏鱼。这类鱼粮以植物为原料，主要包括蔬菜、米饭粒、饼干、面包屑、天然海藻等。此类鱼粮来源方便广泛，容易在我们生活中找到，所以喂食这类观赏鱼也更加方便、容易。注意在喂食中一定要保持鱼缸的洁净，不能污染水源，以免影响鱼儿的生存环境。

正确的喂养

由于鱼儿生活在鱼缸中，所以没有天然的食物来源，只能依靠人类的喂养才能生存，因此鱼的喂食非常重要。

喂养的次数

　　水族箱内饲养的鱼儿，无处觅食，正确的喂食方法是饲养观赏鱼的头等大事。喂养的次数很重要，基本准则是，一定要把握好尺度，让它们有饥有饱。

　　在大多数情况下，观赏鱼每天只需喂食一次就可以了。喂食结束后，吃饱的鱼儿能明显看出它们鼓鼓的肚子。而一天内喂食次数过多会使鱼儿得严重的厌食症，长此以往它们就会减少吃食，身体也不会生长，会慢慢消瘦直到死去。另外，有一些鱼比较贪吃，只要有饵料就会不停地吸食，有些甚至会撑死，因此鱼吃饱后要及时捞出多余的鱼粮。

喂食要有规律

当喂食时，不要一次性投放整餐的鱼粮，这样会导致鱼食过量，一般分两三次投放最佳。第一次的鱼粮待基本吃完后再喂食第二次，第二次吃完之后再投放第三次，这样就可以有效地避免喂食过量。无论是一次喂完，还是分两三次喂，都应该让鱼儿尽量在5~10分钟内吃完。如果在此时间内没有吃完，应把多余的饲料用小渔网打捞出来。在下一次喂食时注意减少喂食量，这样做可以减少对水源的污染，从而保证水质优良。

喂养活饵的方法

如果要给鱼儿喂一些活体虫只，应该边喂边观察，分次喂养，不可一次放食过多。若见到鱼的腹部隆起应该立即停喂，以防止喂食过量。在连续几日喂养过后，如果发现鱼的粪便变轻，漂浮于鱼缸水面，则表明喂食过量，已经产生了消化不良症状，这时应该先停止喂食两天，然后改喂一段时间其他种类的鱼粮。

PS. 在喂养观赏鱼的过程中，鱼粮最好不要喂食单一的品种，这样会容易引起观赏鱼偏食。平常可以多搭配几种品种不同的鱼粮，可以是荤素搭配，也可以购买进口的外国鱼粮，以保证鱼粮的多样性，构建平衡的膳食搭配。

PART 05

观赏鱼
该怎样管理

　　有人说："懒人养不好鱼！"也有人认为，观赏鱼是"懒人宠物"。这看似矛盾，却都有道理。"养鱼不能懒"在于换水、清洁这样的工作不能偷懒，不然污水会时刻危及鱼儿的生命。而鱼儿最难护理的时候主要集中在刚买回来时和成鱼繁殖期间，做好这些便可高枕无忧，养着"懒人宠物"不用遛、不用哄，也不会弄乱房间、咬坏沙发。

主人，鱼池
该清理啦！

观赏鱼对水质有一定的要求，水环境的干净卫生与否直接影响着观赏鱼的生命。因此，它们居所的清洁护理显得格外重要。

水族箱的定期清洗

　　水族箱的清洗，包括了箱壁上的污垢的清洗、箱底沙石中的粪便污物的去除、过滤器的清理和滤材更换、氧气泵的清洗、水草的修剪整理，等等。

水族箱的日常维护

　　日常维护最基本的就是保持水族箱的干净，同时还要定期维护，消毒杀菌、调整水质，时刻保持环境的最佳状态。除此之外，还要学会检查修理灯具、水泵、气泵，治疗病鱼等。

新鱼的
特别管理

鱼儿刚买回来的时候是最难护理的，如果直接将新买的观赏鱼放入水族箱，是具有很大风险的。

新鱼安全入缸

新鱼买回来后，首先要隔离观察一两周的时间，再放入饲养的水族箱。因为新鱼不一定能够适应水族箱里的环境，而且新鱼有携带病菌的可能性，恐怕威胁到水族箱中其他观赏鱼的生命健康。

安全度过隔离期后，可将新鱼转移到水族箱中正常饲养。若入缸后，有鱼生病或死亡，要及时捞出，并对水族箱进行消毒杀菌。生病的鱼捞出后，要单独饲养在小鱼缸里进行治疗。治疗好后，还需要观察几天，并经过消毒处理后才能放回水族箱。

繁殖期鱼的
特别管理

对繁殖期的观赏鱼要悉心照料，同时对它们在繁殖前、繁殖中、繁殖后等不同时期要给予不同的照料。

POINT 提供安全舒适的环境
繁殖期间的注意事项

a.合理地适配种鱼，等到母鱼受精后，对母鱼进行单独空间的照顾，给它们创造一个安静的生育环境。

b.为鱼儿创造舒适的产卵环境，避免鱼卵被其他鱼吃掉，同时要注意避免因鱼卵过多而污染环境。

c.鱼卵刚刚孵化出的小鱼，要特别注意喂食和护理，不可马上把孵化成的小鱼放入大鱼缸中，避免被其他鱼吞掉。

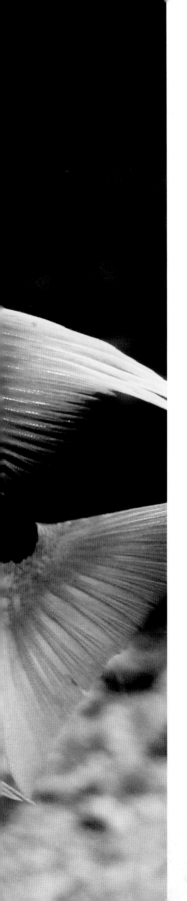

PART 06

常见
疾病及治疗

观赏鱼和人类一样，都面临着生老病死。其所患的疾病有细菌性疾病、病毒性疾病、动物引起的疾病、寄生虫病、霉菌病等系列疾病。它们生病了不要怕，只要牢记下面的病症症状和处理办法，相信你一定会照顾好小萌宠的！

常见的病症和治疗方法

观赏鱼局限在水族箱中生活，很难趋利避害，容易引发疾病。常见的疾病有细菌性疾病、病毒性疾病和寄生虫病。

细菌性疾病

POINT 体表发炎

充血性皮炎和外伤性皮炎

这是一种很严重的观赏鱼皮炎疾病。发病的观赏鱼通常会出现头部、腹部、尾柄皮肤

发炎充血或受伤部位红肿发炎。

● 处理办法

水族箱中遍洒漂白粉，使水体成1‰的浓度，然后在观赏鱼的

发病部位涂抹红霉素软膏或金霉素软膏，接着再用0.5%浓度的盐

水浸泡鱼儿3次，最后再加洒恩诺沙星2‰～3‰于水中。

烂鳃病

　　这是鱼类中比较常见的一种细菌性疾病。烂鳃的观赏鱼一般会出现呼吸困难或呼吸急促的症状，随之而来的是鱼的行动变缓慢，然后慢慢浮上水面，生命特征减弱。寄生虫引起的烂鳃病，鳃部会渐渐出现大量黏液；真菌引起的，鳃丝会出现淤血或者发白。

● 处理办法

　　真菌、细菌性烂鳃，要在水族箱中加入0.3mg/L的二溴海印或富氯溶液，鱼粮中还要加入0.2％的大蒜素、鱼复宁、鱼血停，拌匀后喂食3~6天。寄生虫导致的烂鳃病，要对水体和水族箱进行强力杀菌，同时在饲料中加入0.2％的渔经虫克喂养2次。

竖鳞病（又称松鳞病）

观赏鱼身体上的鳞片如果出现明显竖起或者张开的现象，很有可能是得了竖鳞病。这种病严重的话会使观赏鱼的身体看上去像个松球，还会引起鳞片着生部位的皮肤水肿并渗出液体。

● **处理办法**

用青霉素钾遍洒水体，或对鱼儿进行青霉素肌注。然后用2％浓度的盐水浸泡鱼儿10～20分钟，或用0.5％浓度的盐水连续浸泡3次。最后泼洒2‰～3‰浓度的恩诺沙星溶解于水中。这样就可以达到对此鱼病的防治目的。

病毒性疾病

POINT 死亡率高
出血病

　　这是一种比较常见的鱼类疾病，南方的发病率比北方要高，一般在4~10月发病。出血病主要由病毒、细菌等引起，发病速度快，一旦染病，死亡率极高。病症主要表现为染病的鱼身体内有水肿或者充血，在体表还能看到鲜红的斑块，鱼鳍基部也会发红充血等。

● **处理办法**

如果鱼儿患上出血病，首先要及时采用药物治疗，根据发病原因对症下药，常见的药物有土霉素、克血灵、氟康、复合型二氧化氯、菌毒清、高氯精、硫酸铜，等等。如用药后症状没有缓解，或者病情严重，就要找宠物医生进行专业的治疗。

对于出血病，应该多多重视预防。比如切断病毒传染渠道，阻断传染源。同时再用消毒剂泼洒水体，也可以用生石灰、漂白粉、强氯精、碘剂等替代。最后记得在饲料中添加可预防出血病的药物，比如败血宁等。

寄生虫病

POINT　体表寄生

锚头蚤病

　　锚头蚤寄生在鱼的体表，它附着的位置会红肿发炎。此寄生虫因头部像船锚而得此名。在鱼的发病部位，我们能看到透明的寄生物，看上去像钉子。

● 处理方法

　　水族箱里可以倒入敌百虫或高锰酸钾，起到预防作用。如果病发的话，可以先用0.2‰~0.4‰的晶体敌百虫遍洒水体，此药对一些热带鱼的刺激较大，使用过程中要密切观察鱼的反应。

POINT 透明的吸血虫

鱼虱

　　鱼虱是一种可恶的透明状小虫子，也是可怕的鱼类杀手，它将口刺刺入鱼体，吸取鱼的血液和其他体液。得了这种病的鱼会躁动不安，体表会出现不易发现的透明鱼虱。

● 处理方法

　　如果发现鱼虱就需要清缸消毒，消毒前要捞出鱼，若鱼儿已被鱼虱咬伤，就要用高锰酸钾等给鱼的伤口进行消毒处理。鱼缸消毒可用晶体敌百虫药液，浓度为0.1%～0.15%，将鱼缸浸泡2~5分钟后清洗，换上新水，再将鱼放回鱼缸。

POINT 头骨外露
鞭毛虫病

鞭毛虫病又称头洞病，听上去都非常恐怖，这种病会使观赏鱼的鳃盖和头骨部分的皮肤发生溃烂，使骨骼暴露出来，接着出现蛀孔。

● **处理方法**

一旦发现此种病症，要及时用高浓度的杀虫类鱼药短时间浸洗观赏鱼，然后在水中加入抗生素类药品，饲料中还要加入敌百虫或肠虫清等。日常饲养中要注意防护，做好清洁、换水工作，降低鱼儿患病风险。

小瓜虫病

　　这种病是由小瓜虫引起的寄生虫病，又名白点病，是最常见的鱼类疾病之一，流传广，危害大。病鱼被入侵的部位会发生组织增生，还会发炎，分泌出黏液，看上去是白色的点。病鱼的精神萎靡不振，在水面游动，不久便会死亡。

● **处理方法**

　　可以在水族箱中加入2%的甲基蓝溶液，浸泡6小时；也可用1%的盐水浸泡水族箱数天；或者升高水温到30~32℃，并加入氯化钠使其浓度变为0.5%，都能起到不错的效果。

水霉病

水霉病又称肤霉病。水霉菌寄生在观赏鱼的伤口上和鱼卵上，内菌丝蔓延在鱼体内吸收养料，外菌丝如白毛或灰白色的絮状物。

● 处理方法

针对这种情形，一般要把鱼缸水温调高到30～32℃，在提高水温的同时向水体加入食盐，使盐浓度达到0.5%，然后用2‰～3‰的亚甲基蓝遍洒水体，最后用2%的盐水浸泡15～20分钟，每天1次，连用3次。

鱼儿生病
的原因

导致鱼类生病的原因有很多，主要有溶氧变化、水温变化、水质变化、动植物和微生物，等等。

溶氧过低

　　水中溶氧含量的变化对观赏鱼的生长起着非常重要的作用。如果水中的溶氧含量过高，就有可能使鱼苗患气泡病；如果水中溶氧含量长期过低，观赏鱼长期处于低氧环境，会使其食欲下降，甚至拒绝吃食，即使它们吃鱼粮，也会导致消化不良，从而使吸收率下降，抗病力下降。

　　当鱼缸中的溶氧含量低至1mg/L的时候，就会出现鱼儿浮头的现象，这个时候如果溶氧含量得不到及时调整，它们就会窒息而亡。所以一定不能忽视这一点。

POINT 不能适应急剧的水温变化
水温骤变

　　鱼儿对温度的要求较高，不能适应急剧的水温变化，如果水温突然变化，升降幅度大于5℃时，鱼儿没有任何发病先兆，就会突然死亡。在不同的发育阶段，鱼儿对水温的要求也不同，幼鱼对水温的要求更为严格，温差过大时，会引起幼鱼不适而大量死亡。

　　除此之外，温度也会成为促使各种病原体大面积繁殖的因素，从而导致观赏鱼生病。所以要时刻关注水温变化才能让鱼儿们健康生长。

POINT 注意清洁卫生
水质恶化

水是鱼的生命之源，水质是对观赏鱼影响最大的因素。

水族箱中鱼和其他生物的活动、底质、温度变化和水源等都影响着水质的好坏，而水质的好坏对鱼儿有着重要的影响。例如，水的硬度和酸碱度不相合会使观赏鱼生长不良，长此以往日渐消瘦、状态不佳，严重的话短期内便会死亡。水是否足够干净也直接影响着鱼类的生产，所以要及时清理鱼缸中的有机质，还可以借助过滤器过滤杂质等方法来优化水质。

生物因素引起的疾病

　　水族箱中的动物、植物、微生物都有可能导致观赏鱼染病。例如，水族箱中的微生物有好的也有坏的，观赏鱼如果被有害的微生物入侵将会引发各类疾病，这些疾病被统称为微生物疾病。这类疾病的病原体包括病毒、真菌、细菌以及单细胞藻类等。微生物引起的疾病一般发病急、传播快、控制难、死亡率高，所以一定要做好预防工作。

　　另外，对于植物应选择合适的品种、数量、大小，做好清洁工作，可以大大降低鱼儿因此而患病的概率。由寄生虫引发的疾病发病慢，且不容易治疗，故在饲养时也应定期做好预防工作，就能防患于未然。

POINT 不可避免的疾病
由其他因素引起的疾病

鱼自身的身体机能退化或者失调也会引起多种疾病，这类疾病会使鱼类的新陈代谢出现障碍，或者各种机能发生紊乱等。

鱼儿长期食用不适合的鱼粮，会导致营养不良。比如，肉食性观赏鱼长期食用素食性鱼粮，就会缺少动物性蛋白，进而导致严重的疾病；或者长期食用单一的天然活饵，也会引发相应的缺素症。

常见药物的
认识与使用

饲养观赏鱼，要对治疗观赏鱼疾病的基本药物有一定的了解。一般情况下，针对不同的观赏鱼鱼病，药物分为外用药物和内服药物。

外用药物小科普

POINT 治疗寄生虫病
高锰酸钾

　　高锰酸钾是一种可溶性大的药物，主要用于治疗寄生虫病。取50mg/L浸洗水族箱5分

钟可杀死车轮虫、斜管虫。取20mg/L浸洗水族箱20分钟，可杀死口丝虫、三代虫等。

POINT 治疗鱼虱
硫酸亚铁

　　硫酸亚铁常和硫酸铜搭配使用，可用于治疗口丝虫病和新鱼蚤病。

POINT 消炎

氯化钠

食用盐的化学成分是氯化钠，食盐不仅是最常见的调味料，还是重要的药物。用一定比例的食盐溶液浸洗观赏鱼，可用于治疗水霉病、细菌性烂鳍病。

POINT 药浴

福尔马林

福尔马林即甲醛，是一种外用药，主要用于给鱼儿进行药浴。取100mg/L浸洗一个小时，可用于治疗车轮虫病、鱼虱病。

POINT 杀虫

蓝矾（胆矾）

蓝矾即五水硫酸铜，主要用于对鱼和鱼缸进行清洗，可用于消灭隐鞭虫、车轮虫等。

POINT 抗菌

呋喃西林

呋喃西林为柠檬黄色晶体，它既是一种外用药，同时也是一种内用药，是用途比较广泛的抗菌性药物。取一定比例的呋喃西林水溶液可用于治疗观赏鱼皮肤充血病、烂鳃病。

小苏打

小苏打学名碳酸氢钠，主要用于调节鱼缸水的酸碱度，同时也是一种重要的消毒药物。将其稀释成液体对观赏鱼进行洗浴，不仅具有抗菌灭虫的功效，而且这种药物有利于观赏鱼健康生长。

漂白粉

漂白粉主要用于杀灭细菌、真菌、病毒。每月一次对观赏鱼进行消毒，就可以达到对疾病的防治目的。

POINT 内外兼用的抗菌药

痢特灵

　　痢特灵学名呋喃唑酮，是一种可内外兼用的抗菌药。使用方法为加水稀释成溶液，将溶液与饲料混合投喂，主要用于治疗黏菌性疾病。

POINT 防感染

青霉素

　　青霉素为主要的抗生素药，主要用于治疗鱼儿运输过程中引起的损伤，可以起到防止感染的作用，是一种重要的外用药。

内用药物小科普

POINT 预防疾病

呋喃西林

　　呋喃西林是一种内外兼用的抗菌药，由于呋喃西林是黄色粉状，故鱼友们常称之为黄粉，主要用于治疗肠炎、细菌性烂鳃病、撞伤、划伤等。内用方法：按照每千克鱼体20~40mg药品的比例使用，在鱼粮中混入呋喃西林粉末，每半个月使用3天，对肠炎有防治作用。外用方法：病鱼最好隔离进行药浴，每10L水加入呋喃西林0.2g，每天换水加药。

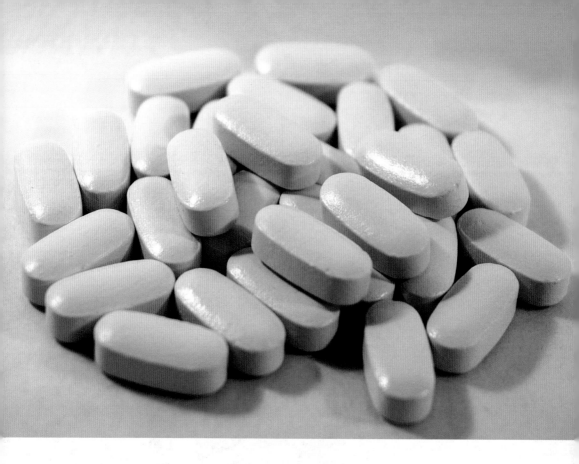

盐酸土霉素

盐酸土霉素主要用于治疗弧菌病。按照每千克鱼体每天用药100mg的标准进行药物喂食，连续投喂5天可以起到治疗的效果。

磺胺噻唑

磺胺噻唑用于治疗竖鳞病、赤皮病。可按照每千克鱼体用药0.1g的标准，将药混入鱼粮中，连续喂养几天此鱼病就可痊愈。

POINT 治疗肠炎、赤皮病

磺胺嘧啶

磺胺嘧啶主要用于治疗肠炎、赤皮病等鱼病。可以按照每千克鱼体用药0.08～0.2g的标准，连续几天就可以有效治愈这种鱼病。

POINT 治疗细菌性肠炎

磺胺脒

磺胺脒主要用于治疗细菌性肠炎。可按照每千克鱼体用药0.05～0.3g的标准，将药加入鱼粮中，就可以达到对这种鱼病的治疗目的。

PART　07

观赏鱼的繁殖

观赏鱼的繁殖难易程度与鱼的品种有着密切的关系，观赏鱼的繁殖方法应该先从简单的入手，条件允许的话可以先学习一下如何进行观赏鱼的繁殖。

如何辨雌雄

分辨观赏鱼的雌雄具有一定的难度，分不清雌雄鱼，会造成鱼缸内的雌雄比例失衡，不利于鱼缸内的生态环境平衡。

外观区分

　　在自然界，不仅不同品种的观赏鱼体形不一样，就连同一种观赏鱼因雌雄体形也不一样。雄性观赏鱼的体形往往略长，雌性观赏鱼的身体则比较短圆。另外，在怀卵期雌性观赏鱼较雄性观赏鱼腹部膨大。

尾柄辨识

　　一般情况下，雄性观赏鱼的尾柄要比雌性观赏鱼的粗壮，这是将它们区别开来的一个重要标志。

胸鳍的区别

　　雄性观赏鱼的胸鳍与雌性观赏鱼的胸鳍不太一样，雌鱼的胸鳍为短圆形，雄鱼的则更长、更尖；该鳍上的第一根鳍刺也有区别，与雄鱼相比，雌鱼的第一根鳍刺更细更软。

泄殖孔差别

　　如果从肚皮向上看，就会发现雄性观赏鱼的泄殖孔小并且狭长，呈凹形；雌性观赏鱼的泄殖孔大而且略圆，向外凸。

色泽区分

　　雄性观赏鱼和雌性观赏鱼的体色也是有差异的。雄性观赏鱼一般体色较为鲜艳，而雌性观赏鱼色泽略淡一些，如果在繁殖发育期，雄鱼体色将更为艳丽。

手感分辨

　　雌鱼的腹部比雄鱼的大且更柔软，如果用手触摸鱼的腹部，会发现雄鱼有一条明显的硬线，而雌鱼摸不到线状物。

鱼的繁殖

观赏鱼的繁殖复杂而有趣，它们有着多种繁殖方式，如自由式繁殖、卵胎式繁殖、口孵式繁殖、泡巢式繁殖等。

自由式繁殖

红绿灯、红鼻鱼、望天鱼等的产卵和繁殖是通过比较简单容易的自由式繁殖方式进行的。通常情况下，雄性观赏鱼和雌性观赏鱼的受精过程通过短暂的追逐嬉戏就能完成。

∝ 鱼卵的保存条件：

鱼卵有黏性和不带黏性之分。黏性的鱼卵容易粘在鱼缸和繁殖槽的内壁上，可以使用繁茂的水草来承接鱼卵；如果是不带黏性的鱼卵，也可在鱼缸内放置一些水生植物作为避难所，防止被其他观赏鱼所吞食，对鱼卵可以起到一定的保护作用。

PS. 鱼卵的孵化工作可以在水族箱中完成，也可在产卵一结束就将鱼卵尽快捞出。在干净的水中隔离孵化，可减小鱼卵病菌感染的概率。

POINT 特殊的繁殖方式

卵胎式繁殖

　　绿牡丹、金牡丹、四眼鱼属于卵胎式繁殖。这种繁殖方式是介于卵生与胎生之间的一
种繁殖方式，卵胎式的观赏鱼并不产卵，而是直接生出小鱼。人们习惯将这种繁殖方式叫
做胎生，其实，按照胎生的确切定义，这种叫法是极不合适的。因为，胎生动物从胚胎发
育至出生，是通过胎盘与母体之间联系，并从母体获得发育所需的营养的，而卵胎式的受
精卵是利用自身的营养发育的。

✂ 繁殖条件：

卵胎式繁殖需要保证雌鱼和雄鱼是同一品种，且一条雌鱼应与三四条雄鱼相配，可以增加受精成功的概率。繁殖期间没有特殊的要求，繁殖缸可以尽量大一些，保证良好的水质，最好种一些水草，饵料喂食也要定时、适量，给种鱼创造良好的繁殖环境。

经常观察雌鱼的状态。受精成功后，雌鱼的肚子会变大，肚子上还会有胎斑，这个时候就可以把雄鱼捞出繁殖缸。不久雌鱼便会生产，刚生出来的幼鱼可以自由地游动，但不要急于给幼鱼喂食，等到它的卵黄囊完全没有了，再喂食一些细小的饵料。

POINT 细心呵护
口孵式繁殖

口孵式繁殖是一种非常特别的鱼类孵化繁殖方式，雌鱼会将产出的受精卵含在口中孵化。红龙鱼、黑龙鱼、金头虾虎鱼、丽鱼等都是通过口孵的方式进行繁殖的。

✖ 繁殖条件：

种鱼的雌雄比例为2:4左右，繁殖缸中的水质要调节好，精心地饲养一段时间，种鱼会自然交配。产卵后，亲鱼会将受精卵含在口中，不眠不休，也不进食。亲鱼通过呼吸给口中的受精卵提供氧气，一段时间后，幼鱼便从亲鱼口中游出。小鱼游出后，亲鱼还会继续保护幼鱼，直至幼鱼能够独立活动。

泡巢式繁殖

泡巢式繁殖的鱼类，雄鱼会在繁殖期筑好繁殖用的巢，然后吸引雌鱼入巢产卵，同时也会利用巢穴对鱼卵起到保护作用，如刺鱼、接吻鱼等。

✂ 繁殖条件：

在繁殖这种观赏鱼时，要提供给观赏鱼一个筑巢的条件，还要放一些漂浮类的水草，比如金鱼藻、鹿角草、凤眼莲等，只有事先做好准备才能避免鱼卵被其他的雌性观赏鱼吃掉。

创造繁殖环境

观赏鱼在繁殖期，应保持稳定舒适的环境，水温恒定尤为重要，温差不宜超过2℃，26~28℃的温度最适宜观赏鱼繁殖。

繁殖环境一定要有水草，水草会吸入二氧化碳放出氧气，有利鱼的生长。然后水质一定要好，除此之外还需要过滤系统，一般需要24小时都开着。另外繁殖灯也很重要，建议每天开10小时左右，尽量不要用太阳光，因为用太阳光缸体内会长青苔。

孵化鱼宝宝

鱼卵的孵化主要有两种方式：一种是自然孵化，另一种是人工孵化。无论是哪种孵化方式，都需要加强对孵化的管理。

自然孵化

对自然孵化的观赏鱼，需要先为它们创造一个巢，然后等鱼宝宝自己孵化出来。在这个过程中不需要任何动作，静静观候即可。

自然孵化往往会因为自然的因素而使孵化率下降，从而影响其孵化的成果。这种孵化方式往往会使鱼携带一些不良的病毒，随着观赏鱼的成长而病发。但是这种孵化方式也体现出了自然界的优胜劣汰的原则，出生后的观赏鱼往往都比较强壮。

人工孵化

人工孵化是指人为地控制鱼卵的孵化过程，而使其进行孵化的一种方式。

这种孵化方式不仅效率高，而且鱼的成活率也高。人工孵化可以控制鱼卵生长发育的一切不稳定因素，在孵化过程中还可以对观赏鱼进行疾病防控，从而大大减少鱼类的病发率。并且人工孵化的观赏鱼有更加优美、光滑的色泽，也更具观赏价值。

PS. 无论是哪种孵化方式，只要加强管理，都可以做到从根源上减少问题的出现。最好是人工孵化和自然孵化能够相结合，这样孵化的观赏鱼会有不可比拟的优势。

PART　08

你还应该知道的那些事儿

　　你想养鱼，但是关于养鱼，有些事情也许你还不知道怎么办，或者有些问题没有考虑到。如果长时间出差，鱼儿无人托付怎么办？观赏鱼的疾病会不会传染给人类？不幸死掉的观赏鱼又该如何处理？接下来将为你一一解答，扫除你的疑虑。

主人出差了，鱼儿怎么办？

　　生活中，工作出差、走亲访友、旅游是比较常见的事情，鱼主人也有出远门的时候，而这对养殖观赏鱼的人却造成了一些困扰。那么要是出远门时刚好家里又没有人可以照顾鱼儿，应该怎么办呢？

1

短期出差怎么办？

　　出差个三五天其实不用太担心。鱼类很抗饿，一般情况下，三五天不喂食是不会饿死的。如果担心鱼儿受苦，可以拜托朋友来家里照顾，也可以把鱼儿和整个鱼缸都寄存在朋友家里，这样就有人照顾，并且可以保证鱼的安全。但是这种方法有它的缺点，如果你饲养的鱼过大，或者鱼缸太大就不宜搬动。

② 长期出差怎么办?

如果长期出差,又不方便麻烦亲友,可以安装一台自动投食机。自动投食机喂食科学又方便,可以定时定量地投喂鱼粮,避免鱼儿饥饿过度。这种方法虽然便捷,但也存在一些缺点,即不能根据鱼儿的状态调整喂食方案,若有没吃完的鱼粮也不能及时捞起,易污染水体。使用时要注意投食机的放置位置,如果离水面过近,会堵塞出食孔,产生机器故障。

③ 无人照管的鱼缸,要注意!

没人在家的时候,停电问题是要特别注意的。现在的家庭一般都使用插电水族箱,一旦停电,那么鱼儿就在劫难逃了。所以一定要做好电力的防护工作,安装电力储备系统,存储足够的电力,防患于未然。

另外还要注意鱼缸的水位,尤其是装有加热棒时,水分蒸发会加快。可以采取将加热棒等设备适当放深一点、增高整体水位、适当遮盖等措施保证鱼儿的安全。

④

鱼为什么很抗饿？

据说龙鱼可以饿两个月，一般的小型鱼也能饿十天半个月，为什么鱼类这么能抗饿呢？

第一，自然界中的鱼类不能保证每天都有食物，常常饥一餐饱一餐，有一定的耐饿能力。第二，就像人体不进食只喝水能生存七天，鱼类生活在水中，保证了水分的需求，可以延缓死亡。而且在没有鱼粮的情况下，水族箱里的水草和微生物也能成为鱼类的食物。

鱼需要定时定量地喂养，才能健康美丽。挨饿的鱼儿会变瘦，体色暗淡，甚至会有相互啃食的现象，对鱼的健康和生命都是非常不利的。就算能够存活下来，鱼儿的体质变差，身体机能下降，也难以存活，使得后期的养护非常艰难。

观赏鱼的疾病会传染给人类吗？

　　现在人们越来越重视自己和家人的身体健康，喜爱观赏鱼却不敢轻易饲养，也许是担心鱼类的疾病传染给人类吧。那么观赏鱼的疾病是否会传染给我们呢？如何才能安全地饲养观赏鱼呢？

1

鱼类的疾病容易传染给人类吗？

　　鱼类与人类的亲缘关系较远，所以患同种疾病的可能性也比较小，而且在饲养过程中，人与鱼的直接接触也比较少，相对而言是比较安全的宠物。但是鱼类也有携带病原体的可能，说不定会引发人体的疾病。病鱼的细菌、病毒或寄生虫有可能对人体不利，所以做到科学合理饲养至关重要。另外定期给鱼缸消毒和进行水循环处理，这样可以减少鱼的患病概率。

② 刚买来的鱼会不会有传染病？

一般情况下，观赏鱼的疾病不会传染。因为你们所饲养的观赏鱼一般都来自专业的观赏鱼饲养馆，而不是直接在自然界获取，所以阻断了疾病的传播。另外，观赏鱼饲养馆有专业仪器设备和科学的操作管理流程，经过他们的把关，不仅会帮助鱼儿消灭疾病，还能有效预防疾病的发生。

买来的观赏鱼虽然很安全，但在饲养中可能会因为不合理喂养从而诱发一些潜在疾病。俗话说得好，"饭前饭后要洗手"，在接触完观赏鱼后也一定要记得给自己的手做清洁，以去除手上的鱼腥味。

3

病鱼的疾病会传染吗？

相对于健康的鱼，病鱼和死鱼的危险较大。饲养者在接触病鱼或死鱼时要做好防护措施，不能用有伤口的皮肤直接接触，处理完后，要给自己的手做全面的消毒。因为这个时候细菌和病毒往往最多，极容易感染。如果家里有小孩或老人，养鱼爱好者则更要注意做好防预工作，因为老人和小孩免疫力相对较差，会是鱼病的直接受害者。所以定期做好家庭全方位的消毒工作，可以有效预防疾病的传播。

观赏鱼能食用吗？

　　鲜艳的蘑菇往往有毒，美丽的花朵常常带着刺。那么观赏鱼有没有毒呢？观赏鱼和普通的鱼有没有区别？如果没有区别可以食用吗？

1

观赏鱼的由来

　　其实很多观赏鱼最初是作为食用鱼引进的，后来人们发现有些鱼非常美丽，不舍食用，就开始进行饲养、观赏。由于对美丽事物的追求之心，人们经过长期优化培育和人工养殖，培育出具有欣赏价值的观赏鱼类，如红鲫鱼、金鱼、日本锦鲤等。这些鱼在选育的过程中只注重外表，没有考虑食用口感，虽然可食用，但慢慢地已经不符合人类的食用标准了。

2

食用鱼与观赏鱼的区别？

那么食用鱼与观赏鱼的区别在哪里呢？在长期的培育中，观赏鱼的选择标准是奇特美丽，食用鱼的标准是鲜美可口。它们实质上并没有什么区别，只是观赏鱼的饲料中往往存在增色剂和催化剂，所以观赏鱼并不适合食用。观赏鱼的优点在于美丽的外表而不是价格和味道，而且，人类的鱼类食品十分丰富，也不会将观赏鱼列为食用鱼。

3

观赏鱼是宠物也是朋友

养殖观赏鱼作为人类生活中一项富有情趣的活动，被广大人民所喜爱。观赏鱼不仅具有一定的观赏价值，还能陶冶人的情操，起到修身养性的作用。观赏鱼是人类喜欢的宠物，也是我们的朋友，被喻为"活的诗，动的画"。所以即使观赏鱼可以吃，人类也不会去食用它们。

死掉的观赏鱼
如何处理？

观赏鱼的活动空间有限，又很容易受到外界环境的影响，所以它们生命很脆弱。有时候做好了管理和养护，还是难免会有死亡，那么对于死亡的观赏鱼该如何处理呢？

1

鱼死亡的原因有哪些？

鱼的死亡往往是由外部环境因素造成的，也可能是内部因素，比如自然死亡，这个是不可避免的。而外部因素是可以人为控制的，所以为了减少鱼儿的死亡，主人们要细心呵护、科学管理。

如果水族箱的水质和水温超过了该种观赏鱼的耐受范围，是非常不利于鱼儿生存的。另外，光照不适宜、感染疾病、饥饿或者吃太饱等都可能导致鱼儿死亡。如果是自然死亡不会有太大影响，一旦是因为疾病死亡就要小心地处理了。

②

病鱼死后如何处置？

　　不论与鱼儿的感情深还是浅，病鱼死后都要好好处置。大家在处理这种鱼时应该把它们和生活垃圾区别开来，不能随随便便混在一起。要注意这种垃圾不能在室内停留太久，最好是发现时就把它拿到室外处理掉。在处理时一定要多放几个塑料袋，尽量隔绝空气，以防止小动物误食。因为它们可能随身携带病毒，如果随便处置会被小猫小狗误食而引发新的疫情。若不妥善处置，会使细菌病毒随着空气传播，从而可能危害到更多的人。

不想继续养的鱼
该如何处置？

　　如果搬家后没地方养鱼，出国了不能继续养鱼，或者因为工作调整没有时间打理鱼缸，又或者昨天喜欢金鱼，今天却又喜欢上热带鱼，那该如何安置这些你不再饲养的鱼儿呢？

1

以鱼会友

　　饲养观赏鱼的时间里，总有一些问题需要与养鱼的朋友交流和分享，一来二往便成了"鱼友"。如果自己有不再继续养的观赏鱼，可以看看有没有鱼友喜欢，这样就可以赠送给鱼友或者与他交换。这是一种比较好的方法，因为鱼友一般有养鱼的经验和稳定的养鱼环境，鱼儿的健康生长比较有保障。

② 交由观赏鱼店铺饲养

如果周围没有养鱼的朋友，那些无人托付的观赏鱼，又该怎么处置呢？没有鱼友也不用担心，可以将不能继续养的观赏鱼转卖或者赠送给观赏鱼爱好者或观赏鱼店铺老板。如果只是想换其他品种的鱼饲养，那么在购置新鱼时，既可以和店主商量用你自己的鱼和他交换，也可以送给他们然后再卖给其他顾客。

③ 放生鱼儿是"爱"还是"害"？

有人说，我会把它们放生。但是要知道，食物链的存在使得自然界中的生物相互制约，维持着生态平衡。任何一种生物的兴盛和灭绝都影响着这种平衡，一旦平衡被打破将发生不可预知的后果。所以有时候一个不经意的小举动就可能引发一场灾难。因而对于那些被淘汰的观赏鱼不可以随便放入江河湖泊，以防止生态平衡遭到破坏。